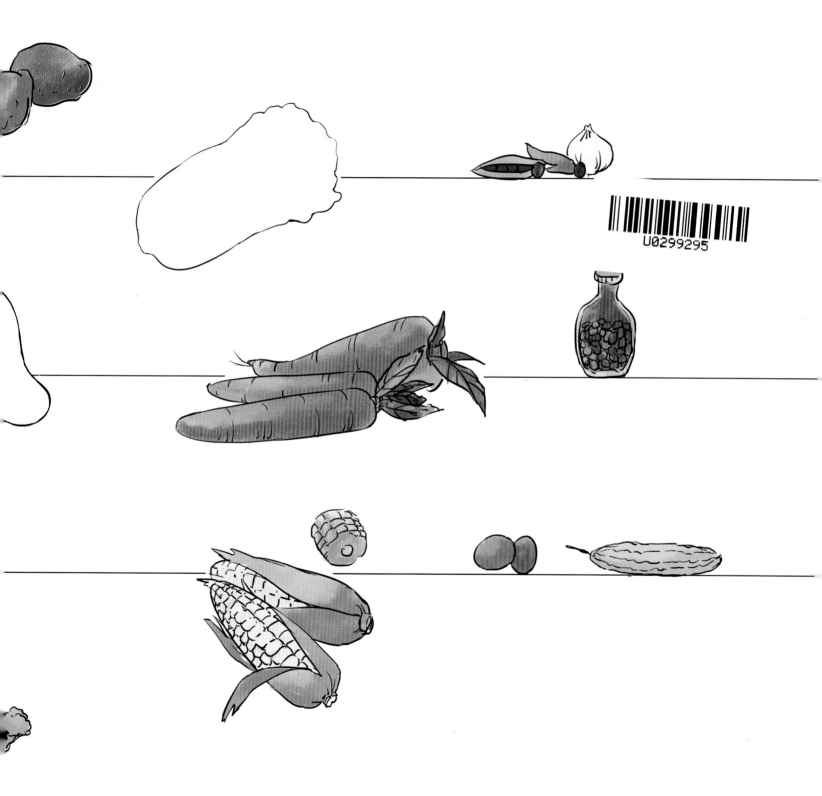

U0299295

料理师的工作可不容易，洗菜、切菜、清洗料理用具，这些准备工作不仅繁琐，也很耗费体力。无论是加工切配，还是临灶烹调，都需要付出很大的体力。

洗菜

切菜

你会洗菜吗？怎样洗才会最干净？

　　一般先用水冲洗掉蔬菜表面的污物，然后用淡盐水浸泡 5 分钟，然后清洗。必要时可加入果蔬清洗剂。基本上可清除绝大部分残留的农药成分。

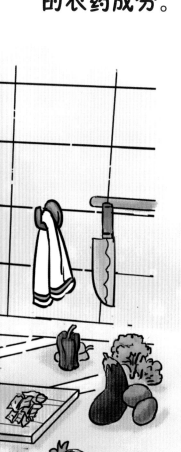

清洗料理用具

准备工作刚做完，一位客人就点单了。追追穿戴好衣服，清洗干净双手，开始为客人制作料理。

菊花 + 鸡肉: 同食会中毒。

海带 + 猪血: 同食会便秘。

冰棍 + 西红柿: 同食会中毒。

土豆 + 香蕉: 同食脸上容易生雀斑。

人参 + 萝卜: 不易消化, 容易腹胀气。

这豆腐做得真地道。要是加点蜂蜜, 做成甜豆腐会不会更好吃?

中国营养学会提出了食物指南，并形象地称其为"4+1营养金字塔"（即"营养金字塔"）。"4+1"指每日膳食中应当包括"粮、豆类"，"蔬菜、水果"，"奶和奶制品"，"禽、肉、鱼、蛋"四类食物，并以这四类食物为基础，适当增加"盐、油、糖"。

营养金字塔适合中国人的日常营养需求。

追梦堂

DREAM TOWN

西北规模最大儿童职业体验中心

一个供孩子体验职业理想的天堂

一个供孩子玩过家家游戏的乐园

一个供孩子学习课外知识的课堂

一个寓教于乐，体验理想的王国

联系电话：0917—3907822　　0917—3907911

地　　址：宝鸡市金台区北坡胜利塬西府天地观光旅游园区

持此单页到追梦堂门市价购买门票可送
价值38元护照大礼包

追梦堂
DREAM TOWN
西北规模最大儿童职业体验中心

菜板

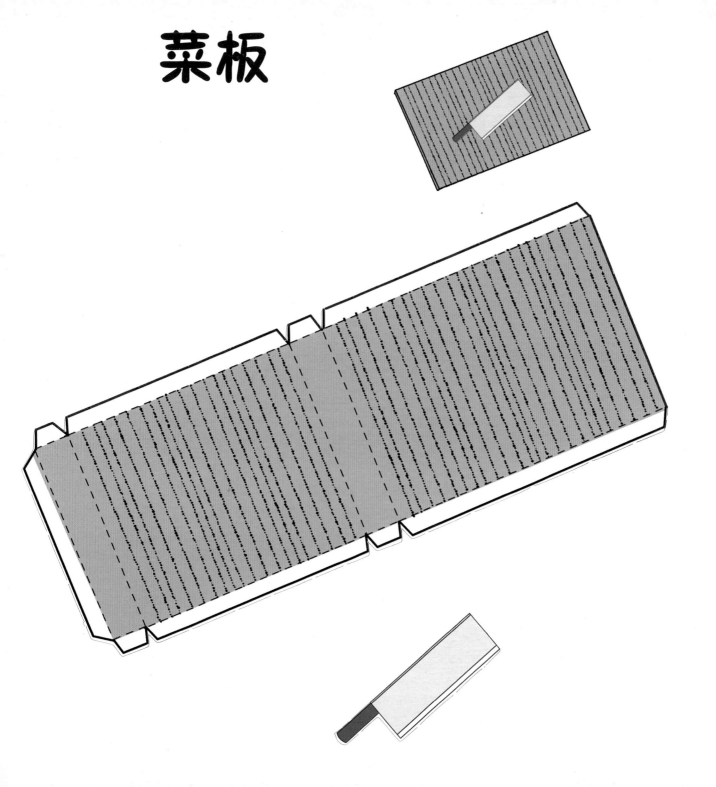

燃气灶

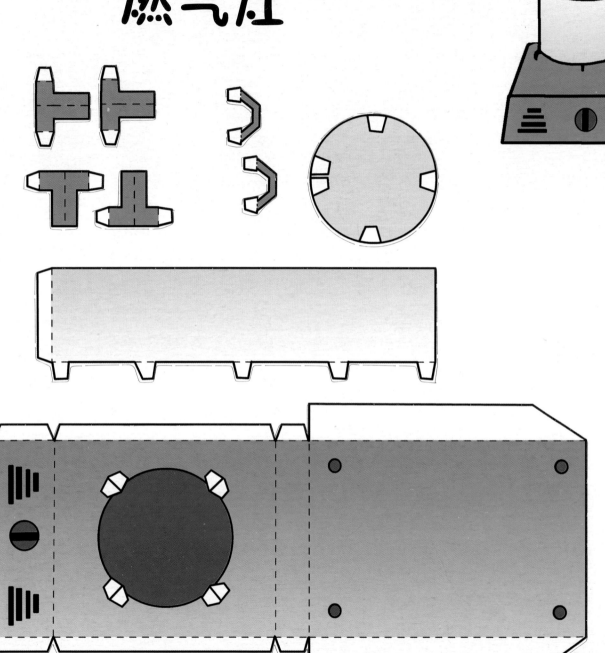

料理师除了要做一手味道精美的食物之外，还要懂得食材的各种特性，这样才能为客人奉上既美味安全，又有营养的料理。

料理师不仅要烹调出客人最喜欢的口感和味道，还要根据营养科学，做出的料理要营养搭配合理。

怎么才能成为一名合格的料理师呢？

1. 要有健康的体质。因为料理师劳动量并不低，制作料理时长时间需间站立，没有好的体质是坚持不下来的。

2. 要掌握现代营养、卫生等有关烹饪科学方面的基础理论知识，要了解祖国的烹饪文化历史，要懂得一定的民俗礼仪知识。

3. 要有精细的刀工，对火候的掌握要得当，调味要准确适口。

4. 要有一定的美学修养和艺术创新基础。

料理师平常工作时的注意事项

料理师的六大基本刀法

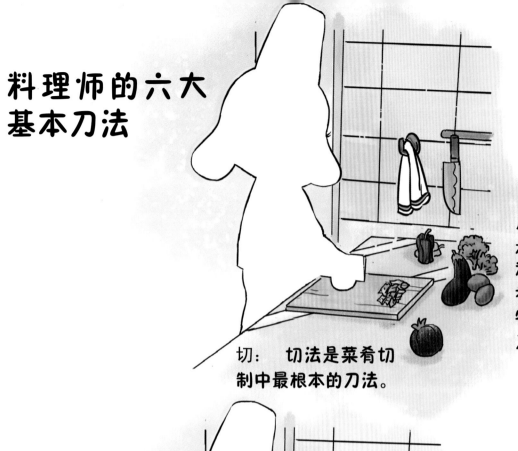

切： 切法是菜肴切制中最根本的刀法。

片： 片的刀技也是处理无骨韧性原料、软性原料，或者是煮熟回软的动物和植物性原料的刀法。

劈： 劈可分直刀劈和跟刀劈两种。

拍： 拍刀法是将刀放平，用力拍击原料，使原料变碎和平滑等。

剁： **剁又称斩，一般用于无骨原料。**

剜： **剜刀，有雕之意，所以又称剜花刀。**